# 电力安全工器具
# 使用与管理

李越冰　编著

U0246784

中国电力出版社
CHINA ELECTRIC POWER PRESS

# 内 容 提 要

　　本书较为详细地介绍了绝缘基本安全工器具、绝缘辅助安全工器具和防护安全工器具的正确使用方法，并结合大量的实物图片和实际操作图片规范地介绍了电气安全工器具的日常保管、定期试验检查的方法。正确、规范地检查、使用、保管安全工具器，直接关系到电力安全生产过程中的人身安全和设备安全。以事实说明严格按规定要求规范操作和使用安全工器具即可减少和避免人身伤亡事故，保证电力系统发、输、变、配电设备的安全运行。

　　本书适用于在电力企业生产岗位人员培训，运行中的发、输、变、配电，农电和用户电气设备上工作的一切人员，也可供从事安全管理工作的人员参考。

## 图书在版编目（CIP）数据

　　图说电力安全工器具使用与管理 / 李越冰编著 . —北京：中国电力出版社，2016. 5（2020.10重印）
　　ISBN 978–7–5123–9114–7

　　Ⅰ . ①图… Ⅱ . ①李… Ⅲ . ①电力工业 – 安全设备 – 图解
Ⅳ . ① TM08–64

　　中国版本图书馆 CIP 数据核字（2016）第 060895 号

中国电力出版社出版、发行

（北京市东城区北京站西街 19 号　100005　http://www.cepp.sgcc.com.cn）

北京瑞禾彩色印刷有限公司印刷

各地新华书店经售

＊

2016 年 5 月第一版　　2020 年 10 月北京第三次印刷

880 毫米 × 1230 毫米　32 开本　3.5 印张　110 千字

印数 5001—6500 册　　定价 **25.00** 元

# 前言

　　安全对于电力生产人员来说，是非常重要的。了解各种安全工器具的性能和用途，正确掌握它们的使用和保管方法，是非常重要而且必要的。本书根据电力安全生产的特点，依照 GB 26859—2011《电力安全工作规程　电力线路部分》、GB 26860—2011《电力安全工作规程　发电厂和变电站电气部分》和《国家电网公司电力安全工器具管理规定》的要求编写，采用图片和文字等综合手段，生动形象地展示常见安全工器具的检查、使用、存放及试验等方面的要求和注意事项。

　　本书针对现场工作人员在使用、检查、保管安全工器具中存在的问题，结合现场工作中由于工作人员和管理人员不会正确检查、使用和保管安全工器具而导致发生人身伤害的典型事故案例进行分析，强调正确检查、使用和保管安全工器具的重要性。通过本书的阅读，能让读者正确掌握常用安全工器具的检查、使用与保管方法，防止生产现场的违规行为和无知无畏事故的发生；让生产一线人员具有自保能力，提高员工安全意识和安全素质，使现场安全生产真正起到可控、在控和能控。

　　由于编者水平有限，对书本在内容和文字上的不足之处，诚恳地欢迎广大读者提出批评指正。

编　者

# 目录

# 第一章  电力安全工器具分类与定义

## 一、电力安全工器具分类

电力安全工器具为在操作、维护、检修、试验、施工等现场作业中，防止发生诸如触电、灼伤、坠落、摔跌、接触有毒有害物质、刺穿或撞击危害、高温、尘埃、可吸入微粒或毒气、辐射、噪声、野外动物等伤害事故或职业健康危害事件，保障作业人员人身安全所使用的各种专用工具与器具的总称。电力安全工器具的分类如表 1-1 所示。

表1-1  电力安全工器具的分类

| 类  型 | 名  称 |
|---|---|
| 基本绝缘安全工器具 | 验电器、绝缘操作杆、绝缘隔板、绝缘罩、携带型短路接地线、个人保安接地线、核相器等 |
| 辅助绝缘安全工器具 | 绝缘手套、绝缘鞋（靴）、绝缘胶垫（台） |
| 防护性安全工器具 | 安全帽、安全带、梯子、安全绳、脚扣、防静电服（静电感应防护服）、防电弧服、导电鞋（防静电鞋）、安全自锁器、速差自控器、防护眼镜、过滤式防毒面具、正压式消防空气呼吸器、缓冲器、$SF_6$ 气体检漏仪、氧量测试仪、耐酸手套、耐酸服及耐酸靴等 |
| 警示标志 | 安全围栏、安全标识牌、安全色 |

## 二、各类型电力安全工器具的定义

各类型电力安全工器具的定义如图 1-1 所示。

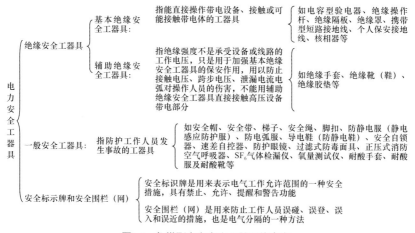

图1-1  各类型电力安全工器具的定义

# 第二章 绝缘安全工器具的检查与使用

## 第一节 基本绝缘安全工器具

### 一、绝缘操作杆

绝缘操作杆又称绝缘杆，用于短时间对带电设备进行操作或测量的绝缘工具。

（一）使用绝缘杆前应检查的项目

（1）检查操作杆的电压等级是否正确。

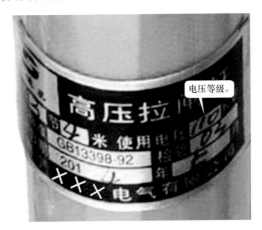

（2）检查试验合格证填写是否正确、清晰，是否超过有效试验期。

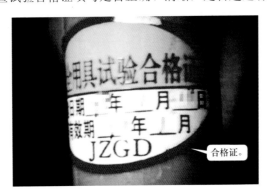

（3）检查绝缘部分表面是否清洁，有无污渍、破损、裂纹。

（4）检查连接部位是否牢固。

（5）检查绝缘杆的堵头，如发现破损，应禁止使用。

（二）使用中的主要注意事项（按流程）

（1）操作时应戴绝缘手套，手握部位不得越过护环或手持界限。

戴绝缘手套。

不得超过护环。

（2）使用时，人体与带电设备保持安全距离，并注意防止绝缘杆被人体或设备短接。

保持安全距离。

（3）雨天户外操作电气设备时，操作杆的绝缘部分应有防雨罩或使用带绝缘子的操作杆。

防雨罩。

（4）雨天或接地电阻不合格时应穿绝缘靴。

穿绝缘靴。

（5）使用完后不允许水平放置地面，要垂直摆放。

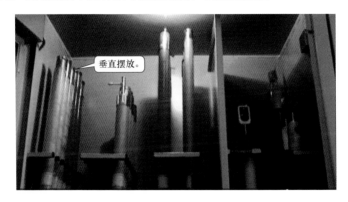

垂直摆放。

（三）绝缘杆使用中常见的违章现象

（1）工作电压与操作电压等级不符。

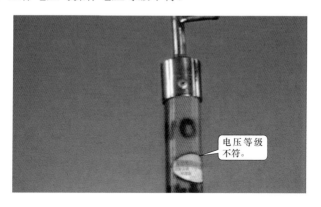

电压等级不符。

（2）操作时未戴绝缘手套。

未戴绝缘手套。

（3）雨天操作未穿绝缘靴。

未穿绝缘靴。

（4）手握部分超过护环或手持界限。

超过护环。

## 二、验电器

验电器是用来检验电气设备是否带有电压的便携式电气安全工具。

（一）使用验电器前应检查的项目

（1）检查工作电压与被试设备电压等级是否相符。

电压等级。

（2）检查试验合格证填写是否正确、清晰，是否超过有效试验期。

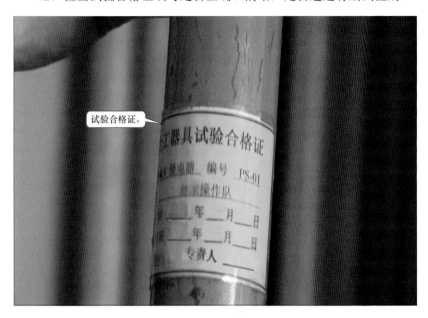

（3）检查绝缘部分有无污垢、损伤、裂纹，各部分连接是否可靠。

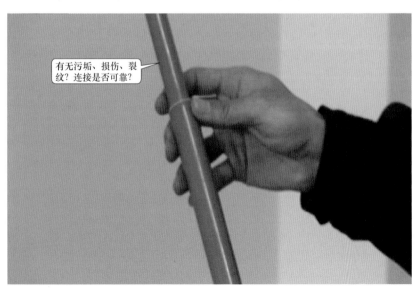

（4）检查验电器自检灯光、音响是否正常。

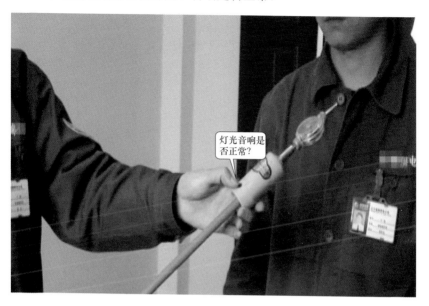

（5）检查伸缩式验电器伸缩有无卡滞现象。

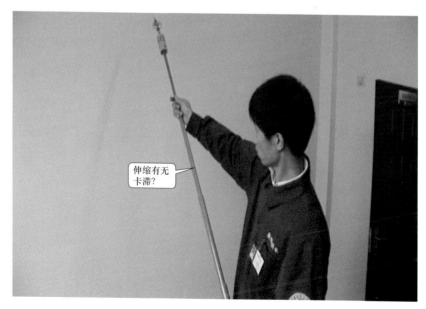

（二）使用中的主要注意事项（按流程）

（1）工作人员必须戴绝缘手套。

戴绝缘
手套。

（2）手握部位不得越过护环或手持界限。

不得越过
护环。

（3）验电过程中应与验电设备保持《国家电网公司电力安全工作规程》中规定的安全距离。

注意保持安全距离。

（4）验电前应先在有电设备上或利用工频高压发生器验证验电器功能是否正常。

在有电设备上验证验电器功能是否正常。

（5）验电时应将验电器的金属部分逐渐靠近被测设备，验电器未发出声、光告警，说明该设备已停电。

确认设备已停电。

（6）在装设接地线或合接地刀闸处对各相分别验电。

对U相验电。

对V相验电。

对W相验电。

（7）使用抽拉式电容型验电器时，绝缘杆应完全拉开。

（8）对同杆塔架设的多层电力线路进行验电时，应先验低压、后验高压，先验下层、后验上层，先验近侧、后验远侧；线路的验电应逐相进行。检修联络用的断路器（开关）、隔离开关（刀闸）或组合时，应在其两侧验电。

（三）验电器使用中常见的违章现象

（1）使用前未检查有效试验期。

（2）所用验电器与被试设备电压等级不相符。

（3）验电不戴绝缘手套。

（4）验电前未利用自检装置检测验电器灯光、音响正常。

（5）验电前未在带电设备上或利用高压发生器验证验电器是否正常。

（6）未在装设接地线或合接地刀闸处各侧分别验电。

（7）雨雪天气进行室外直接验电。

### 三、绝缘隔板

绝缘隔板是由绝缘材料制成，用于隔离带电部件、限制工作人员活动范围的专用绝缘工具。

(一) 使用绝缘隔板前应检查的项目

(1) 检查试验合格证是否填写正确、清晰，是否超过有效试验期。

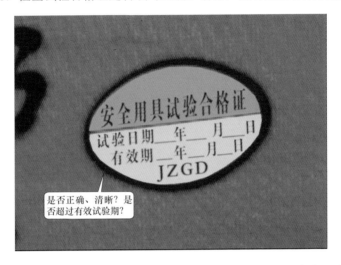

(2) 绝缘隔板使用前应检查表面是否洁净、端面是否有分层或开裂现象。

（二）使用中的主要注意事项（按流程）

（1）绝缘隔板只允许在 35kV 及以下电压等级的电气设备上使用，并有足够的绝缘强度和机械强度。

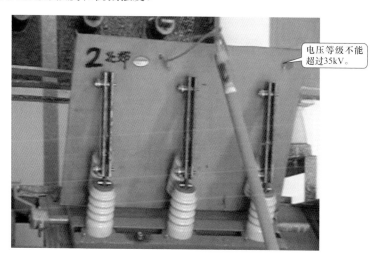

电压等级不能超过35kV。

（2）用于 10kV 及以下电压等级时，绝缘隔板的厚度不应小于 3mm；用于 35kV 电压等级时，绝缘隔板的厚度不应小于 4mm。

（3）现场带电安放绝缘隔板时，要对带电设备保持《国家电网公司电力安全工作规程》规定的安全距离并戴高压绝缘手套和使用绝缘杆操作。

带电安放绝缘隔板。

（4）绝缘隔板在放置和使用中要防止脱落，必要时可用绝缘绳索将其固定。

用绝缘绳索
固定。

### （三）绝缘隔板使用中常见的违章现象

（1）使用前未检查有效试验期。

（2）安放时不戴绝缘手套。

（3）厚度与电压等级不符。

## 四、接地线

接地线是保护工作人员在工作地点防止突然来电的可靠安全措施。接地线是将已经停电的设备临时短路接地，以防止工作地点突然来电对工作人员造成伤害的一种可靠安全用具。按挂接方式可以分为平压式、挂钩式、鳄鱼夹式，主要由导线端线夹、短路线、汇流夹、接地引线、接地端线夹、接地操作棒等组成。

### （一）使用接地线前应检查的项目

（1）检查接地线和个人保安接线截面积是否符合规程规定要求。接地线不得小于 $25mm^2$，个人保安接地线不得小于 $16\ mm^2$。两者均无断股，无锈蚀。

（2）检查接地线各部分连接是否牢固，有无松动。

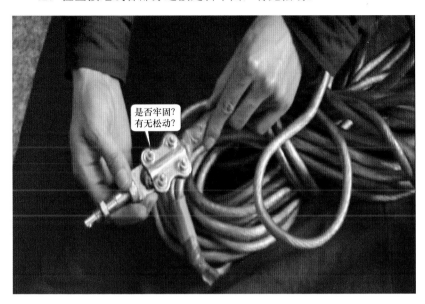

（3）检查接地线绝缘外套是否有明显破损，已破损处应修复良好。

（4）检查接地线线夹。接地线线夹材质应符合规定要求，线夹应良好，线夹钳口弹簧弹力正常。

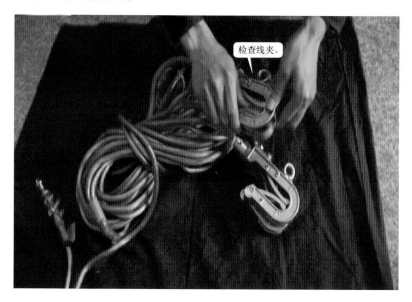

检查线夹。

（5）检查接地夹具必须满足短路容量的要求，无油漆等绝缘物质。线头钳口舌板与线夹导流软线连接良好，无断股。

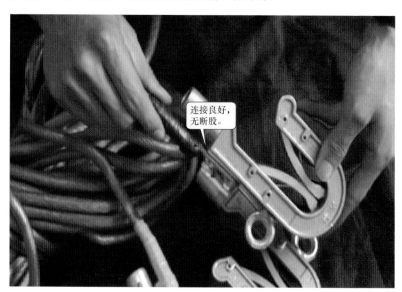

连接良好，无断股。

（6）检查接地线的编号牌。编号应清晰，宜用圆形金属片固定在接地线上。

编号牌。

（7）检查接地线绝缘手柄。绝缘手柄应良好无破损。

手柄良好
无破损。

（8）检查接地线是否超过有效试验期。

（二）使用中的主要注意事项（按流程）

（1）装设接地线应由两人进行，一人操作，一人监护。

（2）装拆接地线应戴绝缘手套。

（3）验电证实无电后，应立即悬挂接地线并保证接触良好。

验电后，立即
悬挂接地线。

（4）装设接地线，应先装设接地线接地端，拆接地线的顺序与此相反；接地线夹与接地线连接必须使用六角螺帽且两点紧固，不得使用元宝螺帽。

先装设接地端。

（5）装设接地线时，人体不得触碰接地线或未接地的导线。

（6）接地线要装设在电气装置导电部分的规定地点，要避免装设在紧靠工作地点或安全通道上，也不能装设在远离工作场所的地点。

（7）设备检修时模拟盘上所挂地线的数量、位置和地线编号应与工作票和操作票所列内容一致，与现场所装设的接地线一致。

（8）同杆塔架设的多层电力线路挂接地线时，应先挂低压、后挂高压，先挂下层、后挂上层，先挂近侧、后挂远侧，拆除时顺序相反。

（9）在线路上工作，杆塔没有接地引下线时，可以用临时接地棒当作临时接地点，接地棒的埋入深度不得小于 0.6m。

埋入深度不得小于0.6m。

（10）个人保安接地线由工作人员自行携带，在同杆塔并架或相邻的平行有感应电的线路上停电工作，应在工作相上使用。

在工作相上使用个人保安接地线。

（11）在工作接地线挂好后，方可在工作相上挂个人保安接地线。

工作接地线挂好后，方可挂个人保安接地线。

（12）工作结束时，工作人员应拆除所挂的个人保安接地线。

拆除个人保安接地线。

（三）接地线使用中常见的违章现象

（1）挂接地线前未验电。

挂接地线前
未验电。

（2）装拆接地线未戴绝缘手套。

未戴绝缘
手套。

（3）装设接地线时先接导体端、后接接地端。

（4）未使用专用线夹固定或利用缠绕的方法固定接地线。

（5）临时接地体埋入深度小于 0.6m。

（6）个人保安接地线代替接地线使用。

## 五、核相器

核相器是一种基本绝缘用具，用于核对两个电压相同系统的相位，以便两个系统同相并列运行。

（一）使用核相器前应检查的项目

（1）查看铭牌，检查电压与设备电压等级是否相符。

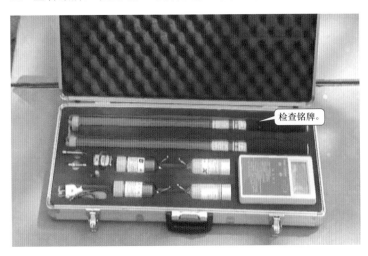

（2）检查试验合格证填写是否正确、清晰，是否超过有效试验期。

检查试验合格证。

（3）检查绝缘部分有无污垢、损伤、裂纹，各部分连接是否可靠。

有无污垢、损伤、裂纹？连接是否可靠？

（二）使用中的主要注意事项（按流程）：

（1）使用时应戴绝缘手套，穿绝缘靴，手握部位不得越过护环或手持界限。

（2）变换测量挡位时，测量杆金属钩应脱离电源，高压绝缘连线不能与人体接触。

（3）核相器绝缘杆部分的使用与绝缘操作杆的使用要求相同。

（4）户外使用核相器时要选良好天气进行。

（三）核相器使用中常见的违章现象

（1）使用前未检查有效试验期。

使用前未检查有效试验期。

（2）未站在绝缘垫上进行操作。

未站在绝缘垫上进行操作。

（3）未戴绝缘手套进行操作。

## 第二节　辅助绝缘安全工器具

### 一、绝缘手套

绝缘手套用特制橡胶制成的，主要用于防止泄漏电流和接触电压对人体的伤害。

（一）使用绝缘手套前应检查的项目

（1）检查是否有国家生产许可标志。

（2）检查试验合格证填写是否正确、清晰，是否超过有效试验期。

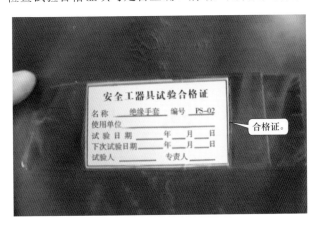

（3）检查绝缘手套外观是否清洁，橡胶应无老化现象、无破损。

（4）将绝缘手套向手指方向卷起，观察是否漏气。漏气的手套严禁使用。

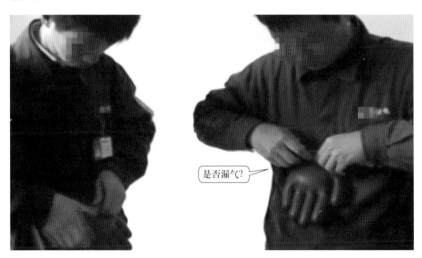

（二）使用中的主要注意事项（按流程）

（1）进行设备验电、倒闸操作，装拆接地线等工作应戴绝缘手套。

（2）上衣袖口套入手套筒口内。

（3）不得接触尖锐的物体，不得接触高温或腐蚀性物质。

（三）绝缘手套使用中常见的违章现象

（1）使用前未检查有效试验期，未进行外观检查。

（2）实验前未检查是否漏气。

## 二、绝缘靴

绝缘靴用特种橡胶制成，用于人体与地面绝缘的靴子。

（一）使用绝缘靴前应检查的项目

（1）检查是否有国家生产许可标志。

（2）检查试验合格证是否填写正确、清晰，是否超过有效试验期。

（3）进行外观检查橡胶表面无裂纹、无漏洞、无气泡、无毛刺、无划痕等。

（二）使用中的主要注意事项（按流程）

（1）当接地电阻不合格或雷雨天气时，工作人员应穿着绝缘靴。

（2）裤管套入靴筒内。

（3）不得接触尖锐的物体，不得接触高温、油污或腐蚀性物质。

（4）绝缘靴不能作雨靴使用或其他用，雨靴也不能作为绝缘靴使用。

（三）绝缘靴使用中常见的违章现象

（1）使用前未进行外观检查。

（2）使用前未检查有效试验期。

（3）代替雨靴使用。

## 三、绝缘胶垫

绝缘胶垫一般用特种橡胶制成，用于加强工作人员对地绝缘的橡胶板。

使用绝缘胶垫的检查与使用注意事项如下：

（1）一般铺放在控制屏、保护屏和发电机、调相机的励磁机端。

（2）出现割裂、破损、厚度减薄禁止使用。

（3）厚度不应小于 4mm。

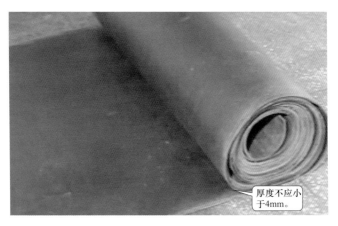

（4）每半年要用低温肥皂水清洗一次。

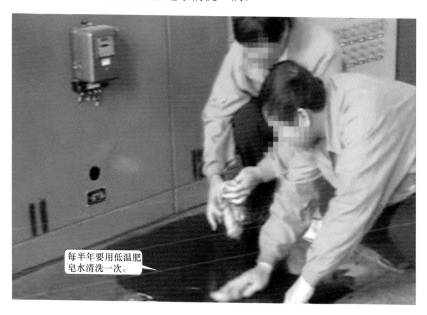

（5）每年应定期进行一次电气试验。

# 第三章　一般安全工器具的检查与使用

## 一、安全带

安全带与安全绳是预防工作人员坠落伤亡的个人防护用品。

（一）使用前应检查的项目

（1）检查商标、合格证及检验合格证等是否齐全。

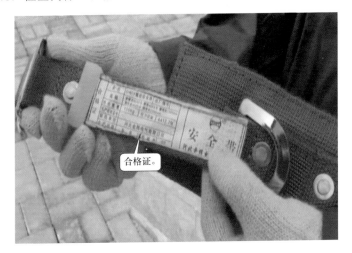

合格证。

（2）检查组件是否完整，有无短缺、破损。

是否完整，有无短缺、破损。

（3）检查绳索、编织带有无断股、脆裂、断丝、抽丝现象。

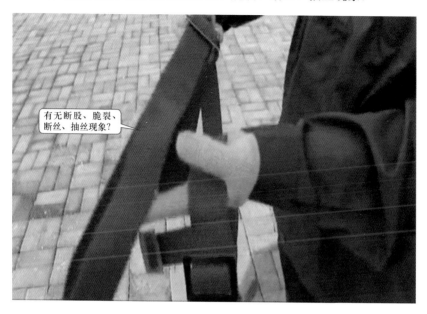

（4）检查皮革配件是否完好，有无伤残。

（5）检查金属配件是否完好，有无裂纹、损伤，焊接有无缺陷、锈蚀。

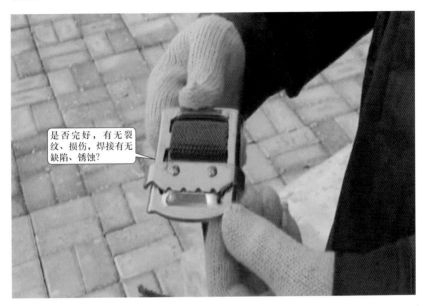

（6）检查挂钩的钩舌咬口是否平整无错位，保险装置是否完整可靠。

（7）检查活梁卡子的活梁是否灵活，表面滚花是否良好，锁紧程度是否可靠。

（8）检查铆钉有无明显偏位，有无松动，表面是否平整。

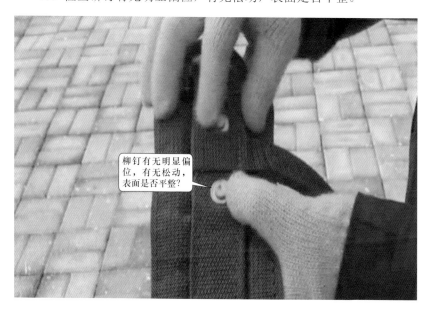

（9）检查机缝线针码有无起套断线。

（二）使用中的主要注意事项（按流程）

（1）在坠落基准面 2m 及以上进行工作时必须使用安全带。

（2）安全带应系在牢固的物体上，禁止系挂在移动或不牢固的物件上，不得系在棱角锋利处。

（3）安全带要高挂和平行拴挂。

（4）在杆塔上工作时，应将安全带后备保护绳系在安全牢固的构件上（带电作业视其具体任务决定是否系后备安全绳），不得失去后备保护。

（5）如果使用 3m 及以上的长绳时必须要加缓冲器，各部件不得任意拆除。

（三）安全带和安全绳使用中常见的违章现象

（1）高处作业未使用安全带。

高处作业未使用安全带。

（2）安全带挂在不牢固的物体上。

安全带禁止系在不牢固的物体上。

（3）安全带低挂高用。

（4）擅自接长使用。

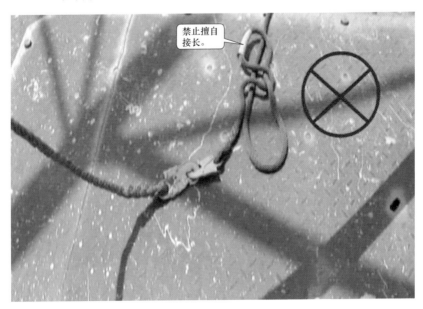

（5）无后备保护绳。

## 二、安全帽

安全帽是用来保护工作人员头部或减少外来冲击物伤害的一种安全用具，戴好安全帽可以防止高处失落的器具伤及作业人员。

### （一）佩戴安全帽前应检查的项目

（1）检查安全帽上是否有制造厂名、商标及型号，制造日期和许可证编号等三项永久性标志。

（2）检查帽盔是否清洁，编号是否清晰。

（3）检查帽盔有无裂痕、破损。

（4）检查帽盔与帽衬连接是否可靠，帽壳与顶衬缓冲空间是否在 25 ～ 50mm 范围内。

（5）检查帽衬各个连接部分是否良好，编织带有无断股，有无抽丝严重现象。

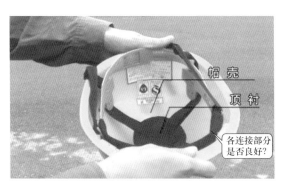

（6）检查帽带有无断股、抽丝现象，帽带锁紧程度是否可靠。

（7）检查报警安全帽报警器与帽盔连接是否牢固，报警器选择开关使用是否可靠，实验按钮是否良好，音响是否正常。

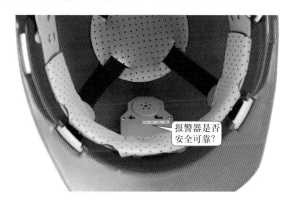

（二）使用中的主要注意事项（按流程）

（1）工作人员进入工作现场必须佩戴安全帽。

进入工作现场必
须佩戴安全帽。

（2）戴安全帽时应将后扣拧到合适位置（或将帽箍扣调整到合适的
位置）。

将后扣拧到
合适位置。

（3）系好下颏带（下颏带的松紧程度要以低头或抬头时安全帽不会从头上掉下来为准）。

系好下颏带。

（三）安全帽使用中常见的违章现象

（1）使用前未进行检查。

未进行检查。

（2）进入工作现场未佩戴安全帽。

（3）未系紧下颚带或将下颚带放在帽内、脑后。

（4）安全帽歪戴，把帽檐戴在脑后方。

禁止将帽檐戴
在脑后方。

（5）工作人员在现场作业中，将安全帽脱下，搁置一旁，或当小凳使用。

禁止将安全帽脱
下当小凳使用。

## 三、正压式消防空气呼吸器

正压式消防空气呼吸器用于扑救电缆火灾使用，以防有毒气体对人体的伤害。

（一）使用前应检查的项目

（1）检查面具的完整性和气密性。

（2）检查面罩密合框是否与人体面部密合良好，有无明显压痛感。

（3）检查正压式消防空气呼吸器是否存放在干燥、清洁和避免阳光直接照射的地方。

（二）使用中的主要注意事项（按流程）

（1）佩戴正压式消防空气呼吸器时先背上肩带，慢慢拧开两个气瓶开关，再戴上面具，最后系紧腰带。

正压式消防空气呼吸器应先背上肩带。

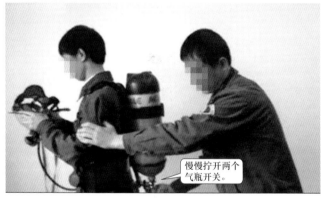

慢慢拧开两个气瓶开关。

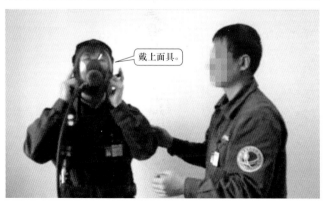

戴上面具。

系好腰带。

（2）使用者应根据其面型尺寸选配适宜的面罩号码。

选配面罩
号码。

（3）使用中应注意有无泄漏。

有无泄漏？

## 四、梯子

梯子是常用的登高作业工具。

（一）使用梯子前应检查的项目

（1）检查本体是否有破损、开裂现象。

（2）检查底脚护套是否良好。

（3）检查在距梯顶 1m 处是否有限高标志。

（二）使用中的主要注意事项（按流程）

（1）强度应能承受工作人员携带工具攀登时的总质量。

（2）梯子应有防滑措施，并能放置稳固。

（3）梯子与地面的夹角应为 65°左右。

梯子与地面的夹角
应为65°左右。

（4）登梯前，应先进行试登。

先进行试登。

（5）使用梯子应有人扶持和监护。

（6）在距梯顶不少于 2 蹬的梯蹬上工作。

（7）人字梯应具有坚固的铰链和限制开度的拉链。

应有铰链和拉链。

（8）在通道上使用梯子时，应设监护人或设置临时围栏。

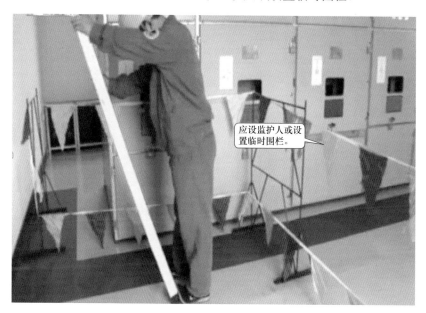

应设监护人或设置临时围栏。

（9）在门前使用，应采取防止门突然开启的措施。

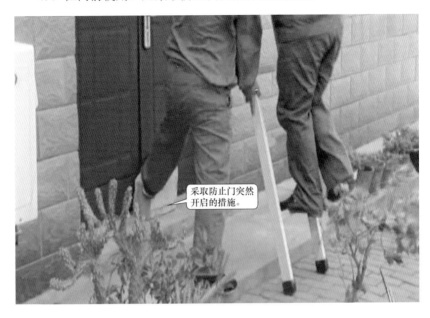

采取防止门突然
开启的措施。

（10）搬动梯子时，应放倒两人搬运。

梯子应放倒
两人搬运。

（三）梯子使用中常见的违章现象

（1）梯子无防滑措施。

（2）梯子放置在不稳定的物体或地面上。

未放置在稳定的物体上。

未放在稳定的地面上。

（3）梯子摆放角度过小。

摆放角度过小。

（4）登梯作业无人扶持。

无人扶持。

（5）在门前使用，无防止门突然开启的措施。

无防止门突然
开启的措施。

（6）在梯顶进行作业。

禁止在梯顶
进行作业。

（7）人字梯无限制开度的绳索。

（8）在人字梯上作业时采用骑马或站立的方式。

（9）人在梯子上时移动梯子。

（10）在变电站高压设备区或高压室内使用金属梯子。

変电站高压设备区或高压室内禁止使用金属梯子。

（11）在带电设备区单人竖直搬运梯子。

禁止在带电设备区单人竖直搬运梯子。

## 五、脚扣

脚扣是攀登电杆及支持杆上作业人员的主要工具。

（一）使用脚扣前应检查的项目

（1）检查脚扣整组是否完整无短缺部件。

（2）检查金属部分有无锈蚀、变形，焊接部分是否牢固无裂纹。

（3）检查橡胶防滑条（套、衬）是否完好无老化现象，无破损。

（4）检查脚套皮带是否完好，无霉变老化、裂缝或严重变形。

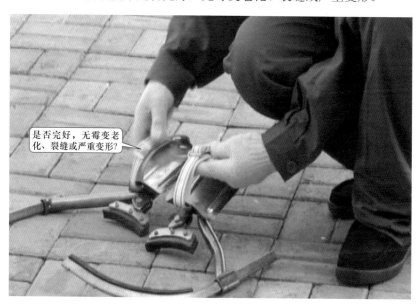

（5）脚套为编织带的，检查编织带是否无霉变、无断裂或破损。

（6）活动钩滑动是否灵活、无卡滞现象。

（7）检查编号是否清晰。

（8）检查是否在有效试验期内。

（二）使用中的主要注意事项（按流程）

（1）登杆前进行冲击试验。

（2）调整脚扣尺寸。

（3）皮带系牢。

（4）倒换时不得相互碰撞。

（5）刮风天气应从上风侧攀登。

（6）站在脚扣上进行作业时脚扣应和电杆扣稳，两个脚扣不能相互交叉。

（三）脚扣使用中常见的违章现象

（1）使用前未进行检查。

（2）登杆前未进行冲击试验。

（3）倒换脚扣时相互碰撞。

（4）作业时脚扣相互交叉。

禁止作业时脚
扣相互交叉。

## 六、速差自控器

速差自控器是一种装有一定长度绳索的器件，作业时可不受限制地
拉出绳索，坠落时因速度的变化可将拉出绳索的长度固定。

（一）使用速差自控器前应检查的项目

（1）速差自控器必须有省级以上安全检验部门的产品合格证。

合格证。

（2）在使用速差自控器过程中要经常性的检查速差自控器的工作性能是否良好；绳钩、吊环、固定点、螺母等有无松动；壳体有无裂纹或损伤变形。

（3）钢丝绳有无磨损、变形伸长、断丝等现象，如发现异常应及时处理。

（二）使用中的主要注意事项（按流程）

（1）自控器应高挂低用，应防止摆动碰撞，水平活动应在以垂直线为中心半径 1.5m 范围内。

应高挂低用。

（2）严禁将绳打结使用，速差自控器的绳钩必须挂在安全带的连接环上；必须远离尖锐物体、火源、带电物体。

禁止将绳打结使用。

速差自控器的绳钩必须挂在安全带的连接环上。

必须远离尖锐物体、火源、带电物体。

（3）速差自控器上的各部件，不得任意拆除、更换；使用时也不需添加任何润滑剂；使用前应做试验，确认正常后方可使用。

（4）速差自控器在不使用时应防止雨淋，防止接触腐蚀性的物质。

（三）速差自控器使用中常见的违章现象

（1）使用前未进行检查。

使用前未进行检查。

（2）自控器低挂高用。

禁止低挂高用。

（3）绳索打结使用。

七、安全自锁器

　　安全自锁器在工作人员垂直攀登时使用，一般与安全带相连，锁体卡在附设的垂直绳索上，意外时自锁器受重力加速度影响能紧紧卡住绳索，稳住下落者。

（一）使用自锁器前应检查的项目

（1）自锁器的安全部件应齐全，并应有省级及以上安全检验合格证。

（2）经常使用时，除使用前检查外，至少每月详细检查一次，包括锁钩螺栓，铆钉有无松动、壳体有无裂纹和损伤，安全绳和主绳有无磨损，固定点有无松弛等。

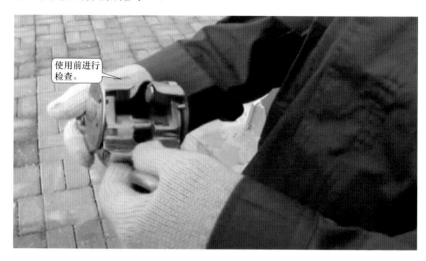

使用前进行检查。

（二）使用中的主要注意事项（按流程）

（1）主绳选购应符合自锁器的技术要求，主绳应垂直设置，上下两端固定，严禁有接头。

主绳应垂直设置，上下两端固定，严禁有接头。

（2）使用前应将自锁器压入主绳试拉，当猛拉圆环时应锁止灵活，安全螺丝、保险定好方可使用，绳钩必须挂在安全带连接环内。

（3）自锁器应专人专用，不用时妥善保管，每两年检验一次，经过严重碰撞、挤压或高空坠落后的自锁器要重新检验方可使用。

（三）安全自锁器使用中常见的违章现象

（1）使用前未进行检查。

（2）主绳有接头。

（3）使用前未进行试拉。

## 八、缓冲器

缓冲器用于高处作业，当发生意外，下坠速度和重力超过一定限度时，有弹性的缓冲包会被强制打开，减缓下坠力对人员腰腹部的损伤。

使用前应检查的项目如下：

在使用前认真检查是否符合使用要求。

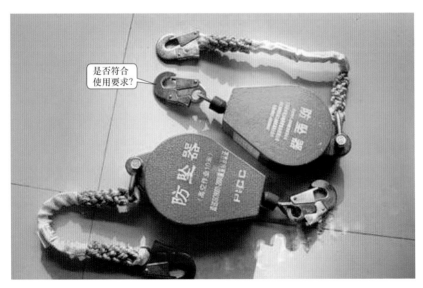

## 九、防护眼镜

防护眼镜适用于电业工人维修高低压供电线路和电气设备安装有触电危险的环境以及其他有可能飞溅伤及眼部的场所。

（一）使用前的注意事项

（1）在带电装卸可熔保险器和从事低压带电工作时，工作人员应戴有色防护眼镜，防止弧光灼伤眼睛。

应戴有色防护眼镜。

（2）在向蓄电池内注入电解液时，应戴封闭式无色防护眼镜，防止化学剂溅入眼内。

应戴封闭式无色防护眼镜。

（3）从事可能发生碎屑飞溅的工作应戴无色防护眼镜，防止碎屑击伤眼睛。

（二）使用防护眼镜常见的违章现象

从事可能伤及眼部的工作时未使用防护眼镜。

# 第四章　安全标识牌和安全围栏

## 一、安全标识牌

安全标识牌是用来警告工作人员不得接近设备的带电部分，提醒工作人员在工作地点要采取安全措施。

使用中的主要注意事项如下：

（1）标识牌、运行中红布帘应保持完整、清洁无污垢。

应保持完整、清洁无污垢。

（2）标识牌尺寸应符合《国家电网公司电力安全工作规程》要求。

尺寸应符合《国家电网公司电力安全工作规程》。

（3）在一经合闸即可送电到施工设备的开关和刀闸操作把手上应悬挂"禁止合闸有人工作"的标识牌，以警告值班人员禁止合闸送电。

（4）在停电检修线路的电源开关和刀闸操作把手上应悬挂"禁止合闸　线路有人工作"的标识牌，以提醒值班人员线路上有人工作，禁止合闸送电。

（5）在室内和室外工作地点或施工设备上应悬挂"在此工作"的标识牌，以防施工人员走错间隔。

（6）在施工地点临近带电设备的围栏上应悬挂"止步　高压危险"的标识牌，以警告工作人员禁止接近带电设备。

"止步　高压危险"标识牌。

（7）在禁止通行的过道上应悬挂"止步　高压危险"的标识牌，以防人身触电。

"止步　高压危险"标识牌。

（8）在高压试验场所的围栏上应悬挂"止步　高压危险"的标识牌，以警告其他人员禁止接近带电部位。

"止步　高压危险"标识牌。

"止步　高压危险"标识牌。

（9）在停电检修设备构架的脚钉上应悬挂"从此上下"的标识牌，以提醒工作人员注意防止误登带电构架。

"从此上下"标识牌。

（10）在停电检修变压器的扶梯上应悬挂"从此上下"的标识牌，以提醒工作人员不得从其他地方上下变压器。

（11）在带电设备构架上应悬挂"禁止攀登　高压危险"的标识牌。

"禁止攀登　高压危险"标识牌。

　　（12）在运行中变压器的扶梯上应悬挂"禁止攀登　高压危险"的标识牌。

"禁止攀登　高压危险"标识牌。

　　（13）在运行中变压器台架上应悬挂"禁止攀登　高压危险"的标识牌。

"禁止攀登　高压危险"标识牌。

　　（14）在室外工作地点的围栏上应悬挂"止步　高压危险"的标识牌，以警告行人不得进入工作地点。

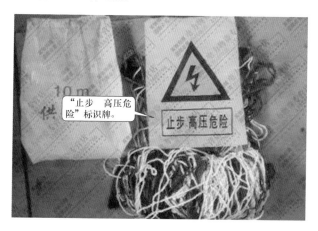

"止步　高压危险"标识牌。

## 二、安全围栏

安全围栏是隔离工作地段与带电设备的一种提示性安全用具，在配电设备部分停电时，用来限制工作人员误入带电间隔和误登构架，防止意外碰触和接近带电体而造成人身事故。

### (一) 使用前应检查的项目

（1）检查遮栏绳、网是否保持完整、清洁无污垢。

遮栏绳、网是否保持完整、清洁无污垢?

（2）检查是否产生严重磨损、断裂、霉变、连接部位松脱等现象。

（3）检查遮栏杆外观是否醒目，无弯曲、无锈蚀。

遮栏杆外观是否醒目，无弯曲、无锈蚀?

（二）使用中的主要注意事项（按流程）

（1）在现场使用中，要使用独立的遮栏杆，禁止在设备的架子上装设。

（2）围栏对地面高度不应小于 1m。

围栏对地面高度不应小于1m。

（3）在遮栏上还要挂适量的"止步 高压危险"的标识牌，以加强遮栏的提示作用。

遮栏上应挂"止步 高压危险"标识牌。

（4）遮栏的装设应从工作人员进入设备区开始至工作地段，要将检查设备、人员出入通道和带电设备完全隔离，形成全封闭式遮栏，并在出入口悬挂"出入口"标识牌。

未悬挂"出入口"标识牌。

（5）检修设备与带电设备要明显隔开，同时要留有检修人员的出入通道。

（6）在高压试验场所周围要装设固定围栏或临时围栏，以防其他人员触及或接近带电部位。

扫码看课程

# 第五章 安全工器具保管及存放

（1）电力安全工器具的保管及存放，必须满足国家和行业标准及产品说明书要求。

## 安全工器具室管理制度

一、安全工器具室由安全员负责管理，确保工器具的安全性能始终处于良好状态。

二、建立《安全工器具清册》和《安全工器具外表检查记录》，定期对工器具进行检查，并将检查情况记入检查记录簿内。

三、外表检查：安全工器具的外表检查周期一个月，每月1日为工器具外表检查日，由安全员监督进行，并将检查情况记入《安全工器具外表检查记录》。

四、安全工器具应按期进行试验，经试验合格的工器具应具有试验报告、合格证，并妥善保管，试验不合格的工器具由试验单位统一销毁。

五、安全员要对常用的安全工器具进行编号并填入《安全工器具清册》，报废或更新工器具时，必须及时更改记录。

六、常用安全绝缘工具应放在通风良好、清洁干燥的房间内，在运输过程中应放在常用的工具袋或工具箱内，以防受撞和损伤。

七、各种安全工器具在使用前，使用者要进行详细的外表检查，如不符合要求的严禁使用。

八、安全工器具无试验合格证或超过试验周期严禁使用，一经发现对使用者严肃处理。

（2）安全工器具应时刻处于完好备用状态，使用后应妥善保管，未经单位负责人或安全监察人员许可，班组不得将安全工器具转借外单位或个人使用。不得将不合格或未经试验的安全工器具外借。

安全工器具处于完好备用状态。

（3）绝缘安全工器具应存放在温度 -15 ～ 35℃，相对湿度 5% ～ 80% 的干燥通风的工具室（柜）内。工器具存放的室内不得有暖气等取暖设施。绝缘安全工器具不能与金属、注油工具、材料混放保管或运输。

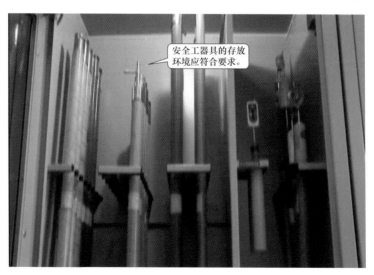

安全工器具的存放环境应符合要求。

（4）电力安全工器具应统一分类，并按顺序进行编号，定置存放，在一个班组中，不能出现重复的编号。存放位置的编号与绝缘工具自身编号对应放置。

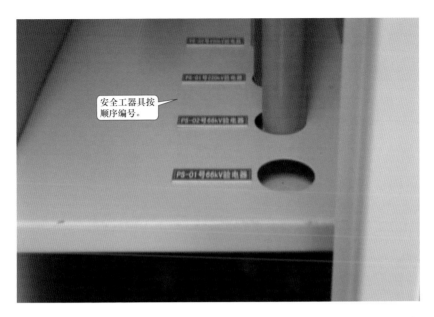

（5）橡胶类绝缘安全工器具应存放在智能工器具柜内指定位置的支架上，不得折叠，不得堆压任何物件，不得接触酸、碱、油品、化学药品或在太阳下曝晒，并应保持干燥、清洁。

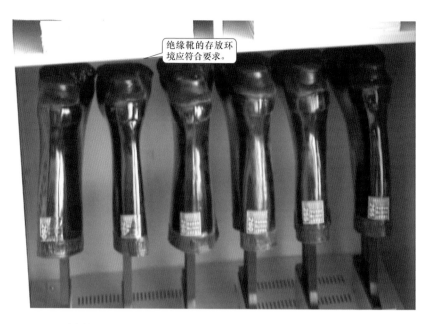

绝缘靴的存放环
境应符合要求。

（6）遮栏绳、网应保持完整、清洁无污垢，成捆整齐存放在安全工
具柜内，不得严重磨损、断裂、霉变、连接部位松脱等；遮栏杆外观醒目，
无弯曲、无锈蚀，排放应整齐。

遮栏绳、网应保持完
整、清洁无污垢。

遮栏绳、网应成捆整齐存放在安全工具柜内。

（7）梯子应有固定的存放位置，存放位置的编号与梯子的编号保持一致，存放位置的固定标签上应标明梯子的长度、编号、开始使用时间及下次试验时间。竹木梯不得放置在潮湿的环境中，金属梯不得与酸碱物质混放。

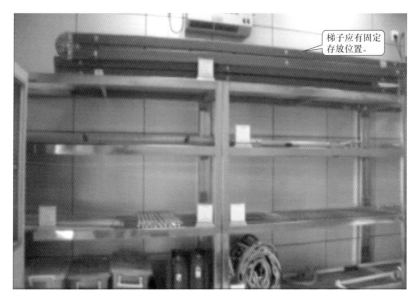

梯子应有固定存放位置。

（8）安全帽应放在阴凉、干燥、通风的地方，领导检查佩戴的安全帽存放在智能工器具柜内指定位置。个人安全帽放置在个人用品柜内，安全帽上不得放置重物，不得与其他金属物品混放，不得与强腐蚀性物体同架存放。

安全帽存放环境、位置应符合要求。

（9）安全带不得与强腐蚀性物体或金属物体混放，不可接触高温、明火、强酸、强碱或尖锐物体，不得存放在潮湿的仓库中。

安全带存放环境应符合要求。

（10）接地线应按电压等级分类编号，并存放在智能工器具柜内指定位置。存放位置亦应编号，接地线号码与存放位置号码必须一致，接地线任何时刻不得与酸碱物质放在一起。

接地线存放在智能工器具柜内指定位置。

存放位置编号。

（11）脚扣应存放在干燥通风和无腐蚀的室内。

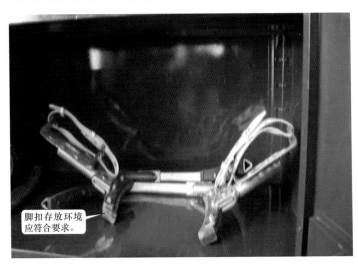

脚扣存放环境应符合要求。

（12）防毒面具应存放在干燥、通风，无酸、碱、溶剂等物质的库房内，严禁重压。防毒面具的滤毒罐（盒）的贮存期为 5 年（3 年），过期产品应经检验合格后方可使用。

（13）空气呼吸器在贮存时应装入包装箱内，避免长时间曝晒，不能与油、酸、碱或其他有害物质共同贮存，严禁重压。

（14）安全工器具必须存放在智能工器具柜内指定位置。

安全工器具必须存放在智能工器具柜内指定位置。